BEI GRIN MACHT SICH IHR WISSEN BEZAHLT

- Wir veröffentlichen Ihre Hausarbeit, Bachelor- und Masterarbeit

- Ihr eigenes eBook und Buch - weltweit in allen wichtigen Shops

- Verdienen Sie an jedem Verkauf

Jetzt bei www.GRIN.com hochladen und kostenlos publizieren

Anonym

**Standortcluster von Technologiebranchen in Malaysia:
Penang und Multimedia Super Corridor**

GRIN Verlag

Bibliografische Information der Deutschen Nationalbibliothek:

Die Deutsche Bibliothek verzeichnet diese Publikation in der Deutschen National-bibliografie; detaillierte bibliografische Daten sind im Internet über http://dnb.d-nb.de/ abrufbar.

Dieses Werk sowie alle darin enthaltenen einzelnen Beiträge und Abbildungen sind urheberrechtlich geschützt. Jede Verwertung, die nicht ausdrücklich vom Urheberrechtsschutz zugelassen ist, bedarf der vorherigen Zustimmung des Verlages. Das gilt insbesondere für Vervielfältigungen, Bearbeitungen, Übersetzungen, Mikroverfilmungen, Auswertungen durch Datenbanken und für die Einspeicherung und Verarbeitung in elektronische Systeme. Alle Rechte, auch die des auszugsweisen Nachdrucks, der fotomechanischen Wiedergabe (einschließlich Mikrokopie) sowie der Auswertung durch Datenbanken oder ähnliche Einrichtungen, vorbehalten.

Impressum:

Copyright © 2011 GRIN Verlag GmbH
Druck und Bindung: Books on Demand GmbH, Norderstedt Germany
ISBN: 978-3-656-24391-5

Dieses Buch bei GRIN:

http://www.grin.com/de/e-book/198197/standortcluster-von-technologiebranchen-in-malaysia-penang-und-multimedia

GRIN - Your knowledge has value

Der GRIN Verlag publiziert seit 1998 wissenschaftliche Arbeiten von Studenten, Hochschullehrern und anderen Akademikern als eBook und gedrucktes Buch. Die Verlagswebsite www.grin.com ist die ideale Plattform zur Veröffentlichung von Hausarbeiten, Abschlussarbeiten, wissenschaftlichen Aufsätzen, Dissertationen und Fachbüchern.

Besuchen Sie uns im Internet:

http://www.grin.com/

http://www.facebook.com/grincom

http://www.twitter.com/grin_com

RWTH Aachen

Geographisches Institut

Seminar: Industrie und Innovation: Technologieregionen

Standortcluster von Technologiebranchen

in Malaysia:

Penang und Multimedia Super Corridor

M.Sc. Wirtschaftsgeographie

28.11.2011.

Inhaltsverzeichnis

1 Einleitung 1

2 Konzeptioneller Hintergrund 2

   2.1 Modell der nachholende Industrialisierung für Entwicklungs- und Schwellenländer 2

   2.2 Die Bedeutung von Innovationen und der Technologiebranche 4

3 Malaysia 7

   3.1 Wirtschaftliche und gesellschaftliche Entwicklung Malaysias bis heute 7

   3.2 Entwicklung der Technologiebranche in Malaysia 11

4 Die Standortcluster Penang und MSC 14

   4.1 Das Standortcluster Penang 14

      4.1.1 Gesellschaftliche, politische und ökonomische Grundausrichtung Penangs 14

      4.1.2 Die Technologiebranche in Penang 16

   4.2 Das Standortcluster des Multimedia Super Corridor (MSC) 19

      4.2.1 Gesellschaftliche, politische und ökonomische Grundausrichtung des MSCs 19

      4.2.2 Die Technologiebranche im MSC 21

5 Vergleich Penang und MSC: Perspektiven Probleme Aussicht 25

6 Fazit 26

Literaturverzeichnis 27

Anhang 1 F&E Ausgaben nach Untergruppen im verarbeitenden Gewerbe 2009 31

Anhang 2: BIP nach Bundesstaaten 2010 32

1 Einleitung

Die Zeitschrift die Zeit betitelte im Jahr 2000 einen Aufsatz zu einer neugegründeten Stadt in Malaysia mit „Sag Ja zu Cyberjaya" (vgl. Vogelpohl 2000), das Handelsblatt berichtet 2011 von einer Investition des deutschen Unternehmens Bosch von knapp 520 Mio. € in Malaysia (vgl. Handelsblatt 2011). Aus diesen beiden Beispielen aus deutschen Zeitungen stechen zwei Standorte in Malaysia hervor, die anscheinend momentan sehr attraktiv für deutsche Unternehmen sind: Die neu gegründete Stadt Cyberjaya, die Inhalt des Zeit- Artikels ist, liegt im sog. Multimedia Corridor (MSC) südlich der Hauptstadt Kuala Lumpurs. Der Standort, der u.a. von der 520 Mio. € Investition des deutschen Unternehmens Bosch gegründet wurde, liegt im malaiischen Bundesstaat Penang. Doch wie kommt es dazu, dass die beiden Standorte in Deutschland für solche Schlagzeilen sorgen? Dieses kann die vorliegende Arbeit beantworten.

Thema sind die Standortcluster der Technologiebranche in den bereits angesprochenen Regionen Penang und MSC. Im zweiten Kapitel werden zunächst die theoretischen Modelle und Möglichkeiten einer nachholenden Entwicklung für Entwicklungs- und Schwellenländer erläutert (Kapitel 2.1). Danach wird die Bedeutung der Technologiebranche angeführt und deren Verbindung zu Innovationen und Forschung- und Entwicklungsausgaben aufgezeigt (Kapitel 2.2).

Im dritten Kapitel wird die allgemeine Entwicklung der Wirtschaft (Kapitel 3.1), sowie die Entwicklung der Technologiebranche in Malaysia untersucht (Kapitel 3.2), da der Staat die Rahmenbedingungen für die wirtschaftlichen Prozesse in Penang und im MSC vorgibt.

Im vierten Kapitel werden für die beiden untersuchten Regionen zunächst die gesellschaftlichen, politischen und ökonomischen Grundausrichtungen untersucht (Kapitel 4.1.1 bzw. 4.2.1) um daraufhin explizit die Technologiebranche in beiden Standortclustern zu analysieren (Kapitel 4.1.2 bzw. 4.2.2).

Das fünfte Kapitel wird einen Vergleich der beiden Standorte Penang und MSC zum Inhalt haben, um im sechsten Kapitel ein Fazit bzw. eine kurze Zukunftsperspektive für den Wirtschaftsraum Penang, MSC und Malaysia zu entwerfen.

2 Konzeptioneller Hintergrund

Zur Analyse der Technologiebranche in Malaysia ist es zunächst notwendig, in einem konzeptionellen Kapitel die theoretischen Möglichkeiten einer nachholenden Industrialisierung von Entwicklungs- bzw. Schwellenländern zu beschreiben (Kapitel 2.1). Im Anschluss daran soll die Bedeutung der Technologiebranche für die Zukunftsfähigkeit von Volkswirtschaften erläutert werden (Kapitel 2.2).

2.1 Modell der nachholende Industrialisierung für Entwicklungs- und Schwellenländer

Die von England ausgehende Industrialisierung ab dem 18. Jahrhundert war zunächst wesentlich auf die europäischen und nordamerikanischen Länder konzentriert. Im Gegensatz dazu war noch „in der ersten Hälfte des 20. Jh. […] die Wirtschaft der Länder Südostasiens von kolonialen Strukturen geprägt" (Blechschmidt et al. 2010: 62), was zu einer sehr starken Fokussierung der Wirtschaft auf den reinen Abbau von Bodenschätzen und agrarischen Produkten ohne bzw. mit nur sehr geringer industriellen Weiterverarbeitung führte.

Nach dem zweiten Weltkrieg, der Kriegsniederlage Japans und dem beginnenden Ende der Kolonialzeit begann in Ost- und Südostasien ein Prozess der Neustrukturierung der Wirtschaft. Während die ehemaligen Kolonialstaaten nach der Befreiung aus dem Kolonialismus sich sowohl politisch, als auch gesellschaftlich und wirtschaftlich neu ausrichten mussten, erzielte Japan ab „den 1950er- Jahren […] stets eine positive Handelsbilanz" (Blechschmidt et al. 2010: 62). Mit der Verlagerung von zunächst arbeitsintensiven Produktionen japanischer Unternehmen aus Japan in die Nachbarländer Südost- und Ostasiens entwickelten sich ebenfalls die Volkswirtschaften zunächst der sog. Tigerstaaten (Taiwan, Südkorea, Singapur und Hongkong), andere Länder folgten diesem Beispiel (sog. Pantherstaaten Malaysia, Thailand, Indonesien und Philippinen) (vgl. Blechschmidt 2010: 62). Investitionen auch westlicher Unternehmen folgten in der Entwicklung, sodass sich die Industrialisierung weiter vollzog (vgl. Fold/ Wangel 1997: 111).

Akamatsu entwickelte zu dieser Theorie der nachholenden Industrialisierung der Ost- und Südostasiatischen Staaten bereits in den 1930er Jahren das sog. Flying Geese Modell, deutsch

Gänseflugmodell, welches „den nationalstaatlich organisierten Industrialisierungsprozess" (Trezzini 2001: 36) zusammenfasst (Abb. 1). „Auf der Basis japanischer Erfahrung postuliert er [Akamatsu] ein stufenförmiges Industrialisierungsmodell" (Trezzini 2001: 36), das einen schematischen und vorgezeichneten Entwicklungspfad der nachholenden Volkswirtschaften, gegliedert in Ländergruppen, aufzeigt.

Abbildung 1: Das Gänseflug- Modell

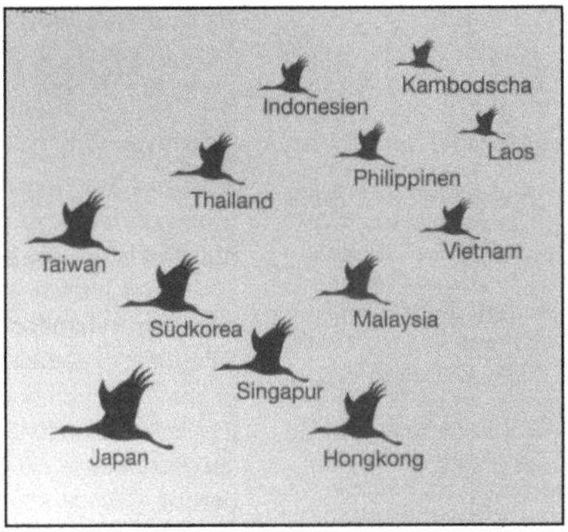

Blechschmidt et al. 2010, S. 63.

Die Industrialisierungstheorie für eine nachholende wirtschaftliche Entwicklung konzentriert sich auf eine Dreigliederung der Entwicklungsstrategien, wobei nicht jede Stufe der Entwicklung in einer Volkswirtschaft vollzogen werden muss: (nach Dicken 2009[5]: 217):

- Export von einheimischen Grunderzeugnissen
- Import- substituierende Industrialisierung
- Export- orientierte Industrialisierung

Dieser schematische Entwicklungsverlauf der Industrialisierung kann in den Staaten Ost- und Südostasiens festgestellt werden, wobei sich der Prozess der Industrialisierung in den verschiedenen Volkswirtschaften zu unterschiedlichen Zeiten vollzogen (vgl. Flying Geese modell GRAFIK XXX). Dabei stellten sich v.a. die „politische Stabilität, eine von konfuzianischen Werten geprägte Arbeitsmoral, günstige Investitionsbedingungen für Unternehmen und eine noch nicht ausgeprägte Sozialgesetzgebung" (Dörnte et al. 2006: 8) als entscheidende Standortfaktoren für die Attraktivität des Wirtschaftsraumes heraus, sodass auch zunehmend ausländische Unternehmen in die sich wirtschaftlich entwickelnden Volkswirtschaften investierten (ausländische Direktinvestitionen (ADI)) (vgl. Dörnte et al. 2006: 8f., Bleckschmidt et al 2010: 62f., Dicken 2009[5]:218ff.).

Die Bedeutung von zufließenden Sachkapital unterstreicht auch die sog. Backwardness- Hypothese, die die „Akquisition von Sachkapital" (Stracke 2006: 44) als „Möglichkeit [zur industriellen Entwicklung] für nachholende Volkswirtschaften" (ebd.) heraushebt.

2.2 Die Bedeutung von Innovationen und der Technologiebranche

Nach erfolgreichem Durchlaufen der in Kapitel 2.1 beschriebenen nachholenden Entwicklung von spätindustriellen Volkswirtschaften, ist es für eine ökonomische Weiterentwicklung elementar notwendig, das wirtschaftliche Wachstum und den gesellschaftlichen Aufschwung nachhaltig und langfristig zu sichern. Zudem durchlaufen auch andere Ost- und Südostasiatischen Volkswirtschaften gemäß des Flying- Geese- Modells den Prozess der nachholenden Entwicklung (vgl. Abb. 1), die daraufhin ebenfalls zu Konkurrenten z.b. um ausländische Direktinvestitionen und Arbeitsplätze werden. Daher ist es notwendig, „eine Zunahme der Produktivität durch technischen Fortschritt zu erreichen" (Stracke 2003: II) und im Sinne Schumpeters „Innovationen als die zentrale Antriebskraft der wirtschaftlichen Entwicklung bzw. des Strukturwandels" (Kulke 2004: 81) zu verstehen (vgl. Rasiah/Jomo 1999: 5).

Entwicklungs- und Schwellenländer beginnen den technologischen Aufstieg aufgrund der schlechten Ausgangsbedingungen dabei „near the bottom of the technology ladder" (Rasiah/ Jomo 1999: 5). Daher sind sie von einem Technologietransfer aus Industrieländern abhängig, der v.a. auf Basis ausländischer Direktinvestitionen von Unternehmen geschieht. Dieser Technologietransfer hat entsprechend der Theorie der flächenhaften Diffusion von Innovationen (vgl. Kulke 2008[3]: 258) sowohl horizontale (andere ggf. konkurrierende Unternehmen lernen bzw. kopieren die eingesetzte Technologie) als auch vertikale Spillover Effekte (u.a.: Zulieferbetriebe, Abnehmer und Dienstleister) in der Region zur Folge (vgl. Kulke 2008[3]: 258).

In der Wissenschaft gibt es heute eine Vielzahl von Theorien zum technologischen Wandel (vgl. u.a. Barthelt/ Glückler 2003[2]: 228 ff., Kulke 2008[3]: 255ff., Stracke 2003: 20ff., Rasiah/ Jomo 1999: 5ff.). In den Staaten Südost- und Ostasiens hat sich eine stufenweise Entwicklung des „Adaptions- und Diffusionsprozesses" (Stracke 2006: 44) gezeigt, der die Hypothese zugrunde liegt, dass die „Richtung des Innovationsprozesses durch bestehende Technologien vorgeprägt" (Barthelt/ Glückler 2003[2]: 243f) ist, was als Pfadabhängigkeit verstanden wird. Entwicklungs- und Schwellenländer müssen allerdings zur Nutzung neuer Technologien nicht den gesamten Pfad der Entwicklung bestreiten, sondern können durch Technologietransfer aus entwickelten Ländern technologische Entwicklungsschritte überspringen, was unter dem Begriff des Leapfrogging zusammengefasst wird (vgl. Stracke 2006: 56). Dieses stellt somit eine Möglichkeit für Entwicklungs- und Schwellenländer dar, den technologischen Wandel der Wirtschaft insbesondere mit Hilfe ausländischer Direktinvestitionen von Unternehmen zu vollziehen.

Der Technologietransfer und der technologische Lernprozess nach Kulke zeigt eine regelhafte Entwicklung von der reinen Fähigkeit, Technologien zu nutzen, hin zu der Entwicklung und Weiterentwicklung von eigenen Technologien (vgl. Abb. 2) (Kulke 2008[3]: 260).

Abbildung 2: Technologietransfer und technologischer Lernprozess

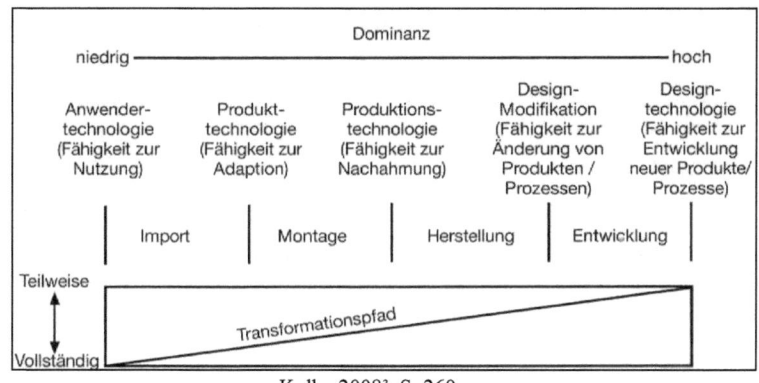

Kulke 2008[3], S. 260

Dabei erfordert die „Adoption und Adaption von Technologien […] intensive interne Lernprozesse, die den Aufbau und die Vertiefung technologischer Fähigkeiten (technological capabilities) zum Ziel haben" (Berger 2007: 46).

Doch zur Bildung einer einheimisch- innovativen Technologiebranche sind gewisse Merkmale einer Region – einer Volkswirtschaft - notwendig, die nach Fromhold- Eisebith u.a. aus folgenden Faktoren bestehen (vgl. Fromhold- Eisebith 1999: 22):

- Regionale Ausstattung mit Hochschulen und staatlichen oder privaten F&E-Einrichtungen
- Entwicklung eines regionalen Arbeitsmarktes insbesondere bzgl. hochqualifizierter Arbeitskräfte
- Regionaler Standort mit ähnlich- spezialisierten Akteuren (Clustervorteile)

Auch Berger sieht den „Aufbau [...technologischen] Fähigkeiten [...] sowohl durch unternehmensinterne Charakteristika als auch durch die Qualität des Geschäftsumfeldes [...] beeinflusst" (Berger 2007: 46).

Somit basiert die „technologische Wettbewerbsfähigkeit einer Volkswirtschaft auf spezifischen subnational verorteten, aber z.T. auch transnational vernetzten Systemen [...] in deren Rahmen Innovationsverflechtungen begünstigt [werden]" (Stracke 2003: 19).

Die räumliche Nähe spielt wie aus den vorrangegangenen Aussagen ersichtlich, bei der Innovationsprozesses eine besondere Bedeutung, man spricht daher auch von Standortclustern, die für eine technologische Weiterentwicklung notwendig sind. In dieser Arbeit soll der Fokus dabei auf der Technologiebranche liegen, zu der in Anlehnung an Fromhold- Eisebith die

„Informationstechnologien als Verknüpfung [...von] Elektronik, Telekommunikation, Datenverarbeitung, Computerbau und Software- Entwicklung sowie des weiteren Luft- und Raumfahrt, CNC- Maschinenbau, Produktion sonstiger elektronischer/ technischer Güter, Medizintechnik, Biotechnologie sowie wissensintensive Dienstleistungen der technischen Beratung" (Fromhold- Eisebith 1999: 5)

gehören. Dieser Teil der Wirtschaft kennzeichnet ein erhöhten Forschungs- und Entwicklungsbedarf aus, wodurch „der Technologie- Begriff mit seiner großen semantischen Bandbreite [...] speziell mit Blick auf Entwicklungsländer oft in einem ‚weicheren' Verständnis verwendet [wird]" (Fromhold- Eisebith 1999: 6).

3 Malaysia

Im Folgenden wird zunächst die wirtschaftliche und gesellschaftliche Entwicklung Malaysias erläutert werden (Kap. 3.1). Dieses ist zum Verständnis der beiden regionalen Beispiele Penangs und des Multimedia Super Corridors notwendig, da der Staat Malaysia die gesetzlichen, ökonomischen, kulturellen, sozialen und gesellschaftlichen Rahmenbedingungen für die beiden regionalen Beispiele vorgibt.

Im zweiten Teil des dritten Kapitels geht es speziell um die Entwicklung der Technologiebranche in Malaysia, wobei hier auf die Bedeutung der in Kapitel 2.2 aufgeführten Faktoren eingegangen werden soll. Da zu Malaysia im Vergleich zu den beiden Beispielregionen gutes statistisches Material verfügbar ist, soll dieser Teil für die staatliche Ebene Malaysias ausführlich bearbeitet werden.

3.1 Wirtschaftliche und gesellschaftliche Entwicklung Malaysias bis heute

Malaysia erklärte im Jahre 1957 „nach der seit 1509 andauernden, wechselnden Kolonialherrschaft durch die Portugiesen, Holländer und besonders [der Briten...] seine Unabhängigkeit" (Wirtz 1999: 134). Zu diesem Zeitpunkt war die Wirtschaft durch die Kolonialherrschaft geprägt, welche sich v.a. auf die Ausbeutung der Bodenschätze und auf die exportorientierte Plantagenwirtschaft konzentrierte.

Die Zersplitterung der Gesellschaft Malaysias in die „rightful inheritors of the land and the ‚naturally' poor and ‚backward' inhabitants of the rural agricultural lanscape" (Lepawsky 2005: 13) und die städtischen, wirtschaftlich dominierenden Chinesen (vgl. ebd.) - basierend auf der „Zuwanderung von Arbeitskräften aus Indien und China" (Dörnte et al. 2006: 88) in der Kolonialzeit - führte zu gesellschaftlichen Unruhen und zu Aufständen im Jahr 1969. Aufgrund dieser Unruhen wurde ab dem Jahr 1969 ein Politikwechsel in Malaysia vollzogen, der unter den Begriff New Economic Policy (NEP) zusammengefasst wird (vgl. Lepawsky 2010: 158).
Diese Politik sorgte für ein beispielhaftes Wirtschaftswachstum Malaysias und bestimmt auch heute noch die Politik und Gesellschaft in dem Land.

Zur Unterscheidung der unterschiedlichen Herkunft der Malaien entwickelte sich im Sprachgebrauch der Begriff der ‚Bumiputera' – ungefähr mit Söhne der Erde zu übersetzen -, um „Malays and certain indigenous groups from other ethnicities in Malaysia" (Lepawsky 2005: 13) zu differenzieren. Diese Politik führte zum einen zu einem"system of racially inflected capital accumulation where politically well- connected bumiputera firms are the favoured recipients of lucrative government contracts" (Lepawsky 2010: 159). Prozentual machten die Bumiputera 2009 66 % der Bevölkerung aus, wobei die chinesisch- stämmige Bevölkerung bei 25 % liegt (vgl. Tenth Malaysia Plan: 376). Somit besitzt Malaysia eine multiethnische und multikulturelle Gesellschaft, die von der sich zum Islam bekennenden Volksgruppe der Bumiputera stark beeinflusst wird.

Zum anderen vollzog Malaysia durch das eingeführte System der gelenkten Marktwirtschaft einen ökonomischen Aufholprozess, der unter anderem aus der „Ausnutzung des komparativen Kostenvorteils niedriger Löhne" (Revilla Diez 2007: 20) resultierte. Dafür wurden von der Regierung Fünf- Jahres Pläne erstellt - aktuell ist der „Tenth Malaysia Plan 2011-2015" in Kraft.

Malaysia wird heute oftmals in der Literatur als „südostasiatisches Wirtschaftswunder" bezeichnet, da „abgesehen vom Stadtstaat Singapur und dem ölreichen Kleinstaat Brunei [...] Malaysia heute der Staat Südostasiens [ist], der seine Entwicklungsweg am weitesten Richtung Erste Welt zurücklegen konnte" (Krause 2006: 26).

Die wirtschaftliche und räumliche Entwicklung Malaysias lässt sich dabei sehr gut in (meistens) vier Phasen untergliedern, die an das Modell zur nachholenden Industrialisierung (vgl. KAP. 2.1) angelehnt sind (nach Kulke 2003, Revilla Diez 2007: 22f.):

1. Phase bis 1968: Rohstoffexporte (v.a. Zinn und Kautschuk (Revilla Diez 2007: 21))
2. Phase bis 1986: arbeitsintensive Industrialisierung (v.a. Bekleidung und Montage von Elektrogeräten)
3. Phase bis 1997: sachkapitalintensive (technologieorientierte) Industrialisierung
4. Phase seit der Asien- Krise: Aufbau von Dienstleistungsclustern

Mit dem Einsetzen der NEP- Politik konnte eine Rohstoffdiversifikation und eine arbeitsintensive Industrialisierung vorangebracht werden. Im Verlauf der 1980er Jahre wurden die früheren komparativen Kostenvorteile Malaysias jedoch auf Grund des gestiegenen Einkommensniveaus zu einem Wettbewerbsnachteil im südostasiatischen Wirtschaftsraum, sodass sich die Wirtschaft auf eine technologieorientierte, sachkapitalintensive Industrialisierung spezialisierte (vgl. Kulke 2003, Revilla Diez 2007: 22f.).

Im Jahre 1991 veröffentlichte die Regierung Malaysias den sog. „Malaysia Vision 2020" Plan, der als Ziel „a fully developed industrialized economy by that date" (Drabble 2010) vorgab (vgl. Lepawsky 2005: 10).

Zwischen 1991 und 2005 wuchs das BIP Malaysias trotz der Asienkrise jährlich um durchschnittlich über 3 % (vgl. Lepawsky 2010: 158), ausländische Direktinvestitionen wuchsen zwischen 1990 und 2000 durchschnittlich über 18 %. (ebd.).

Die letzten Jahre waren von einem hohen Wirtschaftswachstum -gemessen am BIP- gekennzeichnet, wobei die Weltwirtschaftskrise 2009 auch in Malaysia zu einem negativen Wirtschaftswachstum geführt hat (vgl. Abb. 3). Diese kurze negative Phase hatte jedoch 2010 einen erneuten Aufschwung zur Folge.

Abbildung 3: Veränderung des BIPs in Prozent

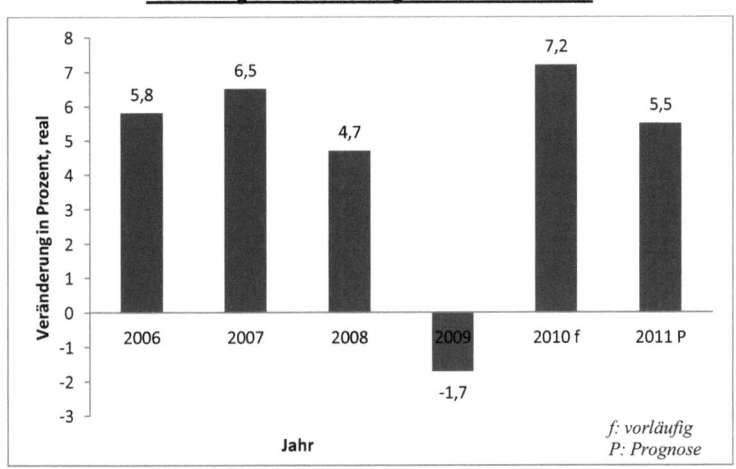

Eigene Darstellung; Daten: Bank Negara Malaysia 2011: P1

Insgesamt lässt sich feststellen, dass Malaysia „mit dem eindrucksvollen Wirtschaftsboom und den beachtlichen Erfolgen in vielen Bereichen des ökonomischen und sozialen Lebens, [anscheinend …] tatsächlich auf dem besten Weg [ist], ein Industrieland zu werden" (Krause 2006: 27). Dieses ist auch in der prozentualen Bedeutung der verschiedenen Wirtschaftsbereiche ablesbar, welche sich im Verlaufe der letzten drei Jahrzehnte grundlegen verändert haben. So stellt sich der sektorale Wandel wie folgt dar: war in den 1950er und 1960er Jahren die

Wirtschaft Malaysias noch sehr stark kolonial geprägt. Machte der primäre Sektor im Jahr 1970 noch 44,3 % des BIPs aus (vgl. Drabble 2010), schrumpfte er bis 1990 auf 28 % und macht heute nur noch knapp 7 % aus, falls der Bergbau hinzugerechnet wird knapp 14 % (vgl. Drabble 2010; Abb. 4). Heute erwirtschaftet der Dienstleitungssektor circa 57 % (1970 37 % und 1990 41 % (vgl. Drabble 2010)), das verarbeitende Gewerbe gut 28 % des BIPs (1970 18 % und 1990 30 % (vgl. ebd.)) (vgl. Abb. 4).

Abbildung 4: Veränderung des prozentualen BIP nach Wirtschaftsbereichen

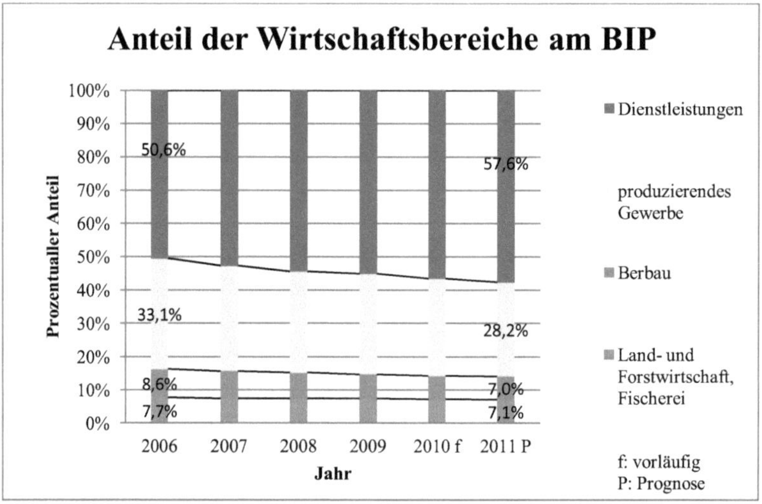

Anteil der Wirtschaftsbereiche am BIP

[Säulendiagramm mit Werten: 2006: 50,6% / 33,1% / 8,6% / 7,7%; 2011 P: 57,6% / 28,2% / 7,0% / 7,1%; Kategorien: Dienstleistungen, produzierendes Gewerbe, Berbau, Land- und Forstwirtschaft, Fischerei; f: vorläufig, P: Prognose]

Eigene Darstellung; Daten: Bank Negara Malaysia 2011: P1

Die räumlichen Disparitäten werden bei einer länderbezogenen Auswertung deutlich (vgl. Anhang 2). So ist das verarbeitende Gewerbe v.a. in den Bundesstaaten Selangor, Jojor und Pulau Pinang (engl. Penang) von Bedeutung. In diesen drei Staaten sind zwischen 2002 und 2006 knapp 64 % aller neuen industriellen Projekte in Malaysia realisiert worden (Lepawsky 2010: 158). Johor profitiert dabei von der Nähe zu Singapur, in Selangor befindet sich die Hauptstadt Kuala Lumpur sowie das neu gegründete MSC und Penang ist durch die starke Konzentration der Elektro- und Elektronikindustrie (E&E) gekennzeichnet (vgl. Lepawsky 2010: 158).

Dagegen macht bspw. der Bergbau in Sabah und Sarawak noch einen bedeutenden Anteil am BIP der beiden Staaten aus. Die Hauptstadt Kuala Lumpur ist durch eine überproportionale Bedeutung der Dienstleistungsbranche geprägt (vgl. Anhang 2).

Allgemein lässt sich feststellen, dass „der Großteil der regionalen Wirtschaftskraft [seit der Kolonialzeit ...] auf Westmalaysia konzentriert" (Revilla Diez 2007: 24) ist, wobei die politisch gewollte und geförderte Milderung (vgl. Vorlaufer 226) und die „Dezentralisierung [...] zu einem nachweisbaren Rückgang der Disparitäten führt" (ebd.).

3.2 Entwicklung der Technologiebranche in Malaysia

„Schwellenländer wie Malaysia stehen vor der Herausforderung, ihr technologisches Leistungspotenzial nachhaltig zu entwickeln, um langfristig eine Zunahme der Produktivität durch den technischen Fortschritt zu erreichen." (Stracke 2006: 44)

Wie die Tabelle im Anhang 1 belegt, sind für die Technologiebranchen die Forschungs- und Entwicklungsausgaben von hoher Bedeutung. So erzielt allein die Technologiebranche „Computer, elektrische und optische Produkte" 67,3 % der Ausgaben für Forschung und Entwicklung (F&E) im verarbeitenden Gewerbe (vgl. Anhang 1).

Unter dieser Annahme macht es Sinn, die Gesamtausgaben für F&E in Malaysia zu analysieren. Die Gesamtausgaben für F&E sind zwischen 1996 und 2006 von 549 Millionen malaiischen Ringgit (MYR) auf 3,6 Milliarden MYR angestiegen, was heute einen Anteil der F&E Intensität von 0,64 % am BIP ausmacht (vgl. Abb. 5). Stellt man diese Zahl der geplanten „Steigerung der F&E Ausgaben auf 1,5 % des GDPs" (Revilla Diez 2007: 24) im Jahre 2010 entgegen, lässt sich vermuten, dass dieses Ziel nicht erreicht werden wird. Auch das stagnierende Wachstum des prozentualen Anteils seit 2002 würde dieses unterstreichen (vgl. Abb. 5).

Im Jahr 2006 trug dieses Wachstum der F&E- Ausgaben mit einem Anteil von 84,9 % primär der private Sektor, was im Vergleich zu 57 % 2002 eine deutliche Bedeutungsverschiebung hin zu dem privaten Sektor bedeutet (eigene Berechnung nach Mosti 2009: 38). Dieses kann als Indiz dafür genommen werden, dass bei steigenden Gesamtausgaben für F&E Aktivitäten sich der öffentliche Sektor nach und nach aus der Finanzierung zurückzieht und die privaten Unternehmen mehr und mehr in F&E investieren. Dieses ist in Bezug auf die Technologiebranche positiv zu bewerten, da es zeigt, dass die Unternehmen inzwischen selbst Forschung und Entwicklung betreiben.

Wie bereits in Kapitel 2.2 beschrieben, sind nach Fromhold- Eisebith u.a. der regionale Arbeitsmarkt, die regionale Ausstattung mit Forschungs- und Entwicklungseinrichtungen (F&E

Einrichtungen) und die räumliche Nähe von spezialisierten Akteuren für eine technologieorientierte Wirtschaftsentwicklung von Bedeutung (vgl. S. 5 f.).

Abbildung : Gesamte Forschungs- und Entwicklungsausgaben (GERD)

MOSTI 2009, S. 31.

Die Anzahl der Arbeiter mit höherer Bildung wuchs von 649.000 im Jahr 2005 auf 949.000 in 2009 (Tenth Malaysia Plan 2010: 393). Als die fünf Hauptthemmnisse für weitere F&E Ausgaben nennt das National Survey for Research and Development der Regierung (vgl. MOSTI 2008: 72):

- Mangel an ausgebildeten F&E Personal
- Limitierte Finanzmittel
- Mangel der Infrastruktur für F&E
- Mangel an erprobten Analysetechniken
- Mangel an Marktuntersuchungen

Der Global Innovation Index 2011 stellt eine Basis dar, um die gesamten Innovationsaktivitäten Malaysias in den globalen Kontext einsortieren zu können. Im globalen Ranking dieses Innovationsindexes kommt Malaysia auf den 31. Platz. Vergleicht man diesen Rank mit dem der vorigen Jahre – 2010 Rank 28 und 2009 Rank 25 (vgl. INSEAD 2011: 190)- lässt sich ein Abwärtstrend feststellen. Dieses bestätigt die Vermutung, dass es Malaysia in den vergangenen Jahren nicht geschafft hat, seine Innovationstätigkeit wesentlich zu verbessern. Dabei identifiziert der Global Innovation Index niedrigere Rankings für die Bereiche politisches Umfeld (Rank 51), Bildung (Rank 61), Forschung und Entwicklung (Rang 54) und die Infrastruktur (Rang 53), sodass gerade in diesen aufgelisteten Bereichen Verbesserungsbedarf zu bestehen scheint (vgl. INSEAD 2011: 190). Die Übereinstimmung dieser Indexergebnisse deckt sich mit den identifizierten Hemmnissen, die die Regierung in ihrem Survey 2008 herausgegeben hat (u.a. Mangel an ausgebildeten F&E Personal, Mangel der Infrastruktur).

4 Die Standortcluster Penang und MSC

Im Folgenden werden die Standortcluster im Bundesstaat Penang sowie im neu entstanden Multimedia Super Corridor bzgl. ihrer Technologiebranche untersucht werden. Dazu wird wie bereits für Malaysia zunächst eine gesellschaftliche, politische und ökonomische Einordnung der jeweiligen Beispielnation erfolgen, um dann im zweiten Teil explizit auf die Technologiebranche einzugehen.

4.1 Das Standortcluster Penang

Im Folgenden werden zunächst die gesellschaftlichen, politischen und ökonomischen Rahmenbedingungen im Bundesstaat Penang beschrieben (Kapitel 4.1.1), um daraufhin in Kapitel 4.1.2 explizit auf die Technologiebranche einzugehen.

4.1.1 Gesellschaftliche, politische und ökonomische Grundausrichtung Penangs

Penang – in Malai Pulau Pinang – ist mit 1046 km² - ausgenommen dem Stadtstaat Kuala Lumpur - der kleinste Bundesstaat Malaysias. Dabei besteht Penang zum einen aus einem schmalen Küstenabschnitt im Nordwesten der Westinsel Malaysias, zum anderen aus der vorgelagerten Insel, auf der auch die Hauptstadt Georg Town liegt.

Seit der Kolonialzeit gehört Penang mit Melaka (deutsch Melakka) und Singapur zu den drei bedeutendsten Häfen zwischen Europa, Indien und China (vgl. Fold/ Wangel 1997: 112), geriet jedoch mit dem Wegfall des Freihandelshafen sowie der Verlagerung des wirtschaftlichen Schwerpunktes in Richtung des Großraumes Kuala Lumpurs in den 1960er Jahren in starke wirtschaftliche Schwierigkeiten, was mit einem Ansprung der Arbeitslosigkeit im Jahre 1970 auf 15 % einherging (vgl. Stracke 2003: 107). Das Einsetzen der neuen New Economy Policy (NEP) in Malaysia und die Gründung der Penang Development Corporation (PDC) sorgten in den folgenden Jahren jedoch für verbesserte wirtschaftliche Voraussetzungen des Wirtschaftsstandortes. Unter anderem wurde die erste Freihandelszone (Free Trade Zone, FTZ) Malaysias in Bayan Lepas im Jahre 1972 eröffnet (vgl. Fold/ Wangel 1997: 112). Bayan

Lepas folgten in den nächsten Jahren weitere FTZ und traditionelle Industrieparks, sodass Penang heute zwei FIZs und fünf Industrieparks besitzt (vgl. Fold/ Wangel 1997: 112, Sirat et al. 2010: 12). Auch dadurch siedelten sich in Penang ab den 1970er Jahren u.a. Intel, AMD, Motorola, Hitachi und Siemens an (vgl. Revilla Diez 2007: 25), was einen Strukturwandel von arbeitsintensiven Wirtschaftszweigen, wie der Bekleidung und der Metallverarbeitung hin zu einer technologie- und kapitalintensiven Elektrik- und Elektronikindustrie bedeutete (vgl. Revilla Diez 2007: 25; Lepawsky 2010: 158). Dieses führte in Anlehnung an das Silicon Valley in Kalifornien zu der Bezeichnung des „Silicon Island" (vgl. Revilla Diez/ Kiese 2006: 1018; Lepawsky 2010: 158).

Das Wachstum der Wirtschaft Penangs in den letzten vier Jahrzehnten ist sehr beachtlich. Wurde im Jahr 1970 noch ein BIP von 790 Mio. MYR erwirtschaftet, stieg dieses bis zum Jahr 2008 um das knapp Fünfzigfache auf 46.744 Mio. MYR Mio. (vgl. Kharas et al. 2010: 23).

Dabei ist die Wirtschaft Penangs noch heute sehr stark auf das verarbeitende Gewerbe spezialisiert, das 2010 einen Anteil am BIP von knapp 50 % aufwies, was im Vergleich zu den 28 % in Malaysia eine starke Spezialisierung des verarbeitenden Gewerbes in Penang zeigt (vgl. Abb. 4 und Abb. .6). Auffällig ist, dass der Anteil des verarbeitenden Gewerbes dabei in den letzten Jahren im Vergleich zu dem Dienstleistungssektor noch gestiegen ist (vgl. Abb.6, Kharas et a. 2010: 28).

Abbildung 6: Veränderung des prozentualen BIP zwischen 1995 und 2010 nach Wirtschaftsbereichen in Penang

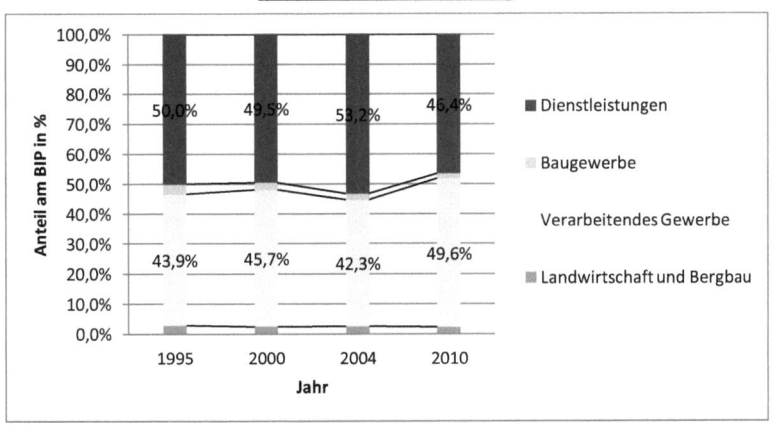

Eigene Darstellung; Daten: Sirat et al. 2010, Statistik Bank Negara Malaysia 2011: P1.

Die erstaunliche Geschwindigkeit der Industrialisierung Penangs führt dazu, dass Penang heute ein regionales Musterbeispiel einer erfolgreichen nachholenden Industrialisierung ist (vgl. Kulke 2008[3]: 260, Kharas et al.:28).

4.1.2 Die Technologiebranche in Penang

In Anbetracht der Bedeutung der Technologiebranche für die Wirtschaft liegt die Zielvorgabe der wirtschaftlichen Entwicklung Penangs heute den Fokus nicht mehr auf die Montage von einfachen elektrischen und elektronischen Bauteilen, sondern es sollen „products of higher technological levels such as precision metal parts, and automated equipment" (Sirat et al. 2010: 12) hergestellt werden. Dabei sollen auch die neue technologieorientierte Industrie und die Bio- bzw. Umwelttechnologien für Penang zukünftig von herausragender Bedeutung sein (vgl. Kharas 2010: 22).

Zu dem Thema, inwieweit es Penang geschafft hat, den ausländischen Technologietransfer zur Entwicklung einer eigenen einheimischen technologie- und wissensorientierten Industrie zu nutzen, liegen aktuell verschiedene Fallstudien vor. Diese versuchen durch empirische Methoden die weitere wirtschaftliche Entwicklung Penangs zu prognostizieren. In Betracht der Aussagen über die Wichtigkeit der Technologiebranche für eine zukunftsfähige Wirtschaftsentwicklung stehen v.a. die Absorptionsfähigkeiten bzw. die Innovationsdiffusion in Penang im Fokus der Analysen.

So erforschte Stracke 2006 die Innovationsverflechtungen zwischen der lokalen Einbettung der in Penang lokalisierten Unternehmen und der globalen Wertschöpfungskette (vgl. Stracke 2006). Berger analysierte 2007 die technologische Absorptionsfähigkeit einheimischer und ausländischer Unternehmen u.a. in Penang und Revilla Diez versuchte 2007 anhand von Beispielunternehmen Vor- und Nachteile der Region Penang herauszufinden. Diese beispielhaften Analysen kommen in ihrem unterschiedlichen Untersuchungshintergrund zu unterschiedlichen Aussagen, gemein sind den Analysen jedoch die Feststellung von einigen Problemen, die Penang in Zukunft zu bewältigen hat.

Stracke kommt zu dem Schluss, dass Penang es bisher nicht geschafft hat, die lokal vorhandenen „innovationsunterstützenden Akteure des Innovationssystems (Dienstleister, Forschungseinrichtungen, Universitäten)" (Stracke 2006: 56) mit den ausländischen Unternehmen in Hinblick auf eine horizontale Kooperation zu vernetzten. Zudem konnte er keine F&E- Tätigkeiten der multinationalen Unternehmen (MNU) in Penang feststellen, sodass es an diesem Standort nur zu einer Produktion, nicht aber zu einer technologischen Entwicklung kommt (vgl. ebd.). Dennoch hätten einheimische Unternehmen technologische Leistungsfähigkeiten erlangen können, das u.a. auf der Second- tier Ebene, also als Zulieferer der MNU, der Fall sei (vgl. Stracke 2006: 46). Bereits 2003 beschrieb Stracke, dass die MNU ihre Niederlassungen in Penang trotz etwaiger Anstrengungen der Regierung Malaysias und Penangs v.a. noch als verlängerte Werkbank verstehen, was impliziert, dass in Penang v.a. die Umsetzung von Prozess- und Produktinnovationen stattfinden, die in den hochentwickelten Heimatstaaten der MNU entwickelt worden ist (vgl. Stracke 2003: 200).

Zu selbigem Ergebnis kommen auch Kharas et al., die herausstellten, dass die MNU in Penang keine starken Verbindungen zur inländischen Wirtschaft entwickelt haben (vgl. Kharas et al. 2010: 24). Problematisch ist diese fehlende Einbettung der MNU in die lokale Wirtschaft, da es so nicht zu einem Technologie- und Know How- Transfer zu anderen einheimischen Unternehmen kommt und die MNU ihre ökonomische Aktivität relativ unproblematisch zu anderen Standorten mit ggf. besseren Standortfaktoren – wie z.B. günstigere Arbeitslöhne – umsiedeln könnten.

Berger analysierte 2007 die technologische Absorptionsfähigkeit einheimischer und ausländischer Unternehmen auch in Penang und kommt zu dem Schluss, dass „die Qualität der verfügbaren Arbeitskräfte […] ein wesentlicher hemmender Faktor für den Aufbau von Absorptionsfähigkeit und die Umsetzung von Innovationen" (Berger 2007: 59) sei. Dieses stellt die Bedeutung des vorhandenen Humankapitals für den Technologietransfer und die Umsetzung von Innovationen heraus.

Die Problematik der zu geringen Qualifikation der Arbeitskräfte greifen auch Sirat et al. auf, die ebenfalls die Bedeutung von hochqualifizierten Arbeitskräften im Zuge einer Fokussierung auf technologieorientierte Produkte unterstreicht (Sirat et al. 2010: 35).

Bei der Analyse der Zusammensetzung der Beschäftigten in Penang im zeitlichen Verlauf fällt auf, dass trotz der hohen Bedeutung von hochqualifizierten Arbeitskräften ein Rückgang der Facharbeiter (Technicians & associate professionals, Professionals, Senior officials & managers) festzustellen ist (vgl. Abb. 6).

Auch bei einer Befragung von Unternehmen bzgl. der Probleme in Penang erhielt der Faktor „Skills and education of available workers" mit 21 % die fünfhäufigsten Nennungen (vgl. Kharas et al.2010: 27). Hinzu kommt ein Brain-Drain gut ausgebildeter Personen in andere

Länder, der durch die Unternehmenskultur der MNU zudem gefördert wird (vgl. Kharas et al.2010: 3).

Abbildung 7: Beschäftigungsstruktur nach Qualifizierung in Penang

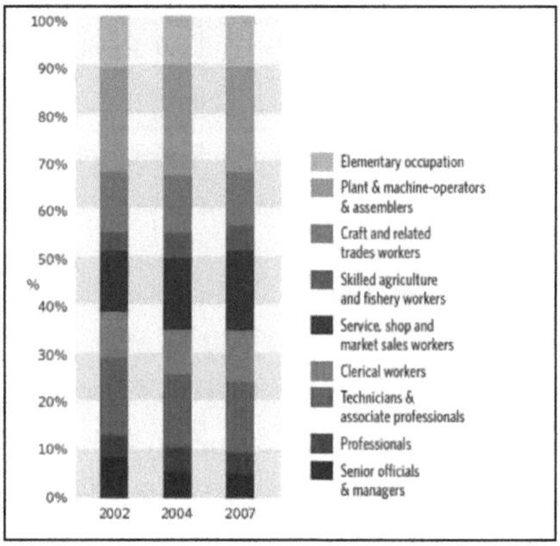

Kharas et al.2010, S. 67

Weitere Probleme sind die mangelnde Zusammenarbeit zwischen Firmen und Universitäten bzw. Forschungseinrichtungen (vgl. Kharas et al.2010: 27).

Zusammenfassend lässt sich sagen, dass es Penang trotz der positiven wirtschaftlichen Entwicklung der Elektro- und Elektronikindustrie (E&E- Industrie) bisher im Gegensatz zu Südkorea, Singapur und Taiwan nicht geschafft hat, auch eigene, international wichtige Innovationen auf den Markt zu bringen. Die Technologiebranche ist in Penang stark verwurzelt, dient allerdings den MNU immer noch v.a. als verlängerte Werkbank. Bezüglich der Etablierung eines Innovationssystems und einer verbesserten Ausbildung der Arbeitskräfte ist in Penang noch deutliches Verbesserungspotenzial vorhanden (vgl. auch Fold/ Wangel 1997: 118). Die Problematik des Mangels an hochqualifizierten Arbeitskräften ist dabei das wohl größte Problem Penangs.

4.2 Das Standortcluster des Multimedia Super Corridor (MSC)

Im Folgenden soll analog zu Penang der Multimedia Super Corridor (MSC) bzgl. der Entstehung und der wirtschaftlichen Rahmenbedingung (Kap. 4.2.1) herausgestellt werden. Dem Folgend wird in Kapitel 4.2.2 die Technologiebranche im MSC genauer untersucht. Da Daten zum MSC nicht zentral erfasst werden, müssen hier Daten des Multimedia Development Coperation herangezogen werden, die allerdings möglicherweise durch die Gebundenheit der Organisation an das MSC verfärbt sein können.

4.2.1 Gesellschaftliche, politische und ökonomische Grundausrichtung des MSCs

Der sog. Multmedia Super Corridor (MSC) ist ein 15 mal 50 Kilometer langer Korridor mit einer Gesamtgröße von 750 km² südlich der malaiischen Hauptstadt Kuala Lumpur im Bundesstaat Selangor. Er wird im Norden durch die Petronas Zwillingstürme - bis 2004 die höchsten Türme der Welt - in der City von Kuala Lumpur, und dem südlich der Hauptstadt gelegenen, modernen Kuala Lumpur International Airport begrenzt. Dieser abgegrenzte Korridor des MSC wird durch sechs sog. Cyber Cities ergänzt, zu denen die zwei neuen Städte Cyberjaya und Putrahaya, die zwei Gebäude des Kuala Lumpur- Turms und des Petronas- Turms sowie zwei existierende Industrieparks gehören (vgl. Lepawsky 2010: 162).

Dieses „multi- billion dollar urban mega project" (vgl. Lepawsky 2005: 10) wurde 1996 von der Regierung gegründet, um ein neues „high- technology cluster" (Lepawsky 2010: 154) zu gestalten, welches neue „Anreize für ausländische Direktinvestitionen" (Dörnte et al. 2007: 92) insbesondere bezogen auf die Informations- und Kommunikationsbranche schaffen sollte. Einzuordnen ist das MSC politisch in den Malaysia Vision Plan 2020, der die Entwicklung Malaysias zu einem vollentwickelten Land bis 2020 als Ziel hat (vgl. Mohan et al. 2002: 274), wozu das MSC als Leuchtturmprojekt dient (vgl. Lepawsky 2005: 10; Ramasamy et al. 2004: 874).

Dazu wurde das früher stark agrarisch genutzte Gebiet völlig neu umgestaltet. Die staatlichen Planer des MSC nahmen dabei direkte Inspirationen und Ideen aus dem Silicon Valley in Kalifornien (Lepawsky 2010: 154).

So entstanden u.a. die zwei neuen Städte Cyberjaya und Putrujaya. Putrujaya wurde dabei als neues administratives Zentrum Malaysias geplant, in das der gesamte Regierungsapparat der

Regierung Malaysias im Jahr 1997 aus Kuala Lumpur zog (vgl. Lepawsky 2010: 157). Cyberjaya soll den Plänen nach die erste intelligente Stadt der Welt werden (vgl. Harris 1998: 2). Zur regionalen Planung wurde die Multimedia Development Corporation (MDC) gegründet, das quasi eine staatliche Institution ist (Lepawsky 2010: 155). Diese Institution vergibt die Mitgliedschaft, MSC Status genannt, an Unternehmen, die dann die Vorteile des MSCs ausnutzen können. Die Unternehmen, die für den Status angenommen werden sind nach der Definition des MDC's Entwickler oder Nutzer von Dienstleistungen bzw. Produkten der Multimedia- oder Informationstechnologie (vgl. Ramasamy et al. 2004: 872). Aufgrund von Beschwerden aus anderen Regionen ist es heute auch möglich, den MSC- Status als Unternehmen zu erlangen, wenn es nicht im eigentlichen MSC angesiedelt ist (Lepawsky 2010: 164f.).

In diesem geographisch stark verengten Wirtschaftsraum des MSC gelten für die sich angesiedelten Unternehmen besondere ökonomische Rahmenbedingungen. Während der Staat aufgrund der politischen Geschichte der Volksgruppe der Bumiputera durch wirtschaftliche und politische Gesetze – wie z.b. Quotenregelung des Anteils der Bumiputera an den Beschäftigten, geringere Zinsen, besserer Zugang zu Bildungseinrichtungen etc. (vgl. u.a. Lepawsky 2005:13; Lepawsky 2010: 157; Andriesse/ Helvoirt 2008: 265) - stark förderte (vgl. Kap 3), sind einige dieser Gesetze für Firmen mit einem MSC Status weggefallen (vgl. auch Lepawsky 2005: 13). Das MDC bezeichnet die Privilegien der Unternehmen, die einen MSC- Status erlangen, als „Bill of Guarantees" (BoG), die insgesamt zehn Punkte umfassen und eine deutliche Abkehr der früheren NEP darstellen (vgl. MDC 2011b).
So können die Unternehmen u.a. nach BoG 2 einheimische und ausländische „knowledge workers" ohne Restriktionen einstellen und entlassen (vgl. auch Lepawsky 2010: 154), BoG 5 verspricht eine Steuerbefreiung für bis zu zehn Jahren und in BoG 7 wird dafür geworben, dass das Internet nicht zensiert sei (vgl. MDC 2011b). Hierbei ist die besondere Verflechtung der wirtschaftlichen und der politischen Rahmenbedingungen herauszustellen. Lepawsky argumentiert, dass das MSC als Versuch der Regierung zu werten ist, wie die Volksgruppe der Bumiputera auf den Wegfall der gesetzlichen Privilegien reagiert (vgl. Lepawsky 2010: 157ff.).

Die Gesamtzahl der Unternehmen im MSC hat sich zwischen 1997 und 2008 von 94 auf 2.520 Unternehmen erhöht, was zwischen 2003 und 2009 ein durchschnittliches Wachstum von 15% ausmacht (vgl. Abb. 8).

Abbildung 8: Anzahl der Unternehmen im MSC

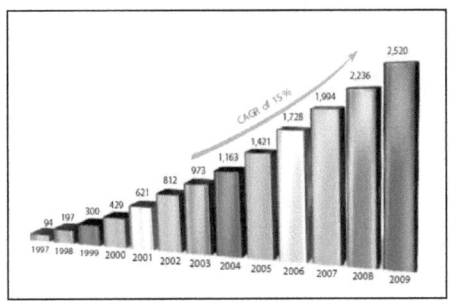

MDC 2010, S. 10

4.2.2 Die Technologiebranche im MSC

Nach eigenen Angaben ist das MSC heute zu einem Mittelpunkt (engl. hub) der globalen Informations- und Kommunikationsbranche geworden (vgl. MSC 2010: Vision and Mission). Die Zusammenstellung der Unternehmen in Clustergruppen (Gruppierung nach MDC (vgl. MDC 2010: 2)) liefert einen ersten Hinweis auf die Spezialisierung des MSC nach Wirtschaftsbereichen. Mit 76 % machen dabei die Unternehmen des Information Technology Clusters den größten Teil der Unternehmen im MSC aus (vgl. MDC 2010: 16). Um den Innovationsgrad dieses Clusters aus den zur Verfügung stehenden Daten ermitteln zu können, ist es hilfreich, die Anzahl der in einer Clustergruppe zusammengefassten Unternehmen mit den F&E Ausgaben der Unternehmen im MSC zu vergleichen. Dabei fällt auf, dass alle Cluster gemessen an ihrem numerischen Anteil einen relativ ähnliche F&E Intensität aufweisen (vgl. Grafik XXX), wobei einen etwas erhöhten F&E Anteil das sog. Shared Services and Outsourcing Cluster ausweisen kann, das nur 9 % der Unternehmen vereint, allerdings knapp 17 % der F&E Ausgaben aufweist. Demgegenüber steht das Information- Technology Cluster, das ein etwas geringerer F&E Anteil (69 %) gemessen am numerischen Anteil (76 %) aufweist (Abb. 9).

Die gesamten F&E Ausgaben stiegen bis 2007 auf 1.512 Mio. MYR (vgl. MDC 2010: 25). Analysiert man hier die zeitliche Entwicklung, stellt man eine kontinuierliche Steigerung der F&E Gesamtausgaben fest, wobei das Jahr 2007 mit einem F&E- Anteil - gemessen an den gesamten Verkäufen - von 8,2 % ein überdurchschnittliches Maximum darstellt (vgl. Abb. 10). Eventuell auch durch die globale Wirtschaftskrise 2008 konnte dieses Maximum nicht 2008 und 2009 nicht mehr gehalten werden.

Abbildung 9: Anzahl der Unternehmen mit MSC- Status und deren F&E Aktivität nach technologischen Clustern

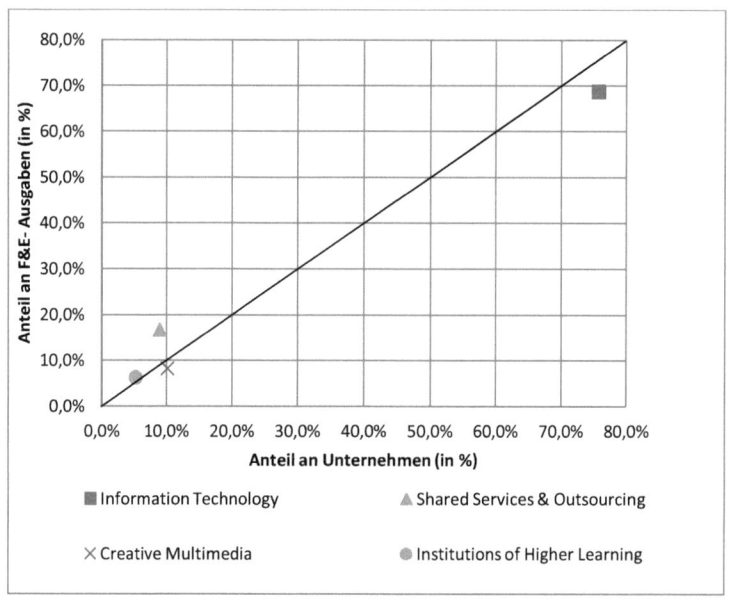

Eigene Darstellung; Daten: MDC 2008, S. 13 und 19

Der zweite Fokus bzgl. der Analyse der technologischen Weiterentwicklung im MSC soll auf die Qualifikation der Arbeitskräfte gerichtet sein. So wurden zur Qualifizierung der Arbeitskräfte Universitäten gegründet (vgl. Dörnte et al. 2007: 92).

2009 arbeiteten nach Angaben der MDC 99.600 Menschen für die Unternehmen im MSC (vgl. MDC 2010: 30). Durch die besondere gesetzliche Lage können auch ausländische „knowledge workers" ohne Auflagen als Arbeitskräfte in den Unternehmen im MSC arbeiten, die insgesamt einem Anteil von knapp 8 % an den Gesamtbeschäftigten aufweisen (vgl. MDC 2008: 23). Bei diesen ausländischen Arbeitskräften ist davon auszugehen, dass sie größten Teils hochqualifizierte Arbeitskräfte darstellen. Eine genaue Differenzierung der mailaischen Arbeitskräfte nach ihrem Qualifikationsniveau ist leider nach dem Bericht des MDC nicht möglich.

Abbildung. 10: Entwicklung der F&E Ausgaben der MSC Unternehmen zwischen 2005 und 2009

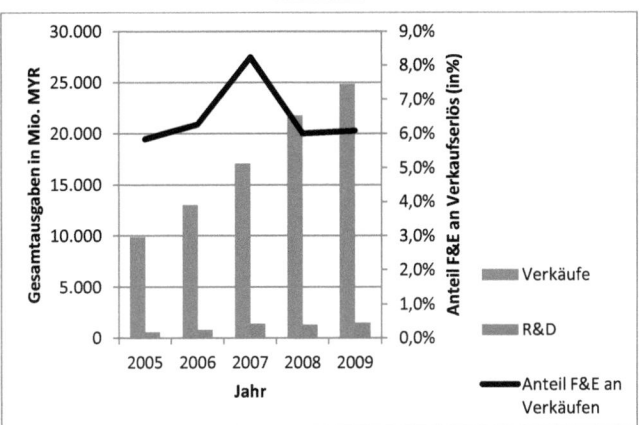

Eigene Darstellung; Daten: MDC 2010: 22 und MDC 2010: 24

Das MSC hat sich nach Mohan et al. zu einem Cluster entwickelt, indem interaktive Netzwerke zwischen den staatlichen Einrichtungen, den privaten einheimischen und ausländischen Unternehmen sowie den Bildungseinrichtungen entstanden sind (vgl. Mohan et al. 272). Nach Ramasamy et al. weisen einige Universitäten –u.a. die Multimedia University in Cyberjaya– eine starke Vernetzung mit der Industrie im MSC auf (Ramadamy et al. 2004: 873).

Doch zeigen sich auch im MSC Probleme bzgl. der technologischen Weiterentwicklung der Gesellschaft. So zeigt sich, dass sich die Kultur der Gesellschaft ebenfalls entwickeln muss. Ramasamy et al. stellen heraus, dass es auch heute noch eine Mangel an Innovativität und des Unternehmertums in der malaiischen Gesellschaft gibt (vgl. Ramasamy et al. 2004: 882), wodurch auch die Zusammenarbeit der Universitäten und der Unternehmen erschwert wird. Es ist also festzustellen, dass nicht allein hohe finanzielle Anstrengungen in Bezug auf das Bildungssystem zur Weiterentwicklung der Gesellschaft von Nöten sind, sondern auch ein Umdenken der Gesellschaft bzgl. des unternehmerischen Handelns von statten gehen muss, um im Sinn des Vision 2020 Plans eine hochentwickelten Volkswirtschaft zu werden. Andernfalls können von der Vielzahl der Universitäten und der Forschungsinstitute auch keine Ausstrahleffekte an die Unternehmen ausgehen.

Durch die Möglichkeit für Unternehmen, den MSC- Status auch zu erlangen, wenn sie nicht im eigentlichen geographisch eng umfassten Korridor angesiedelt sind, hat zur Folge, dass zwischen den Jahren 1996 und 2005 über 60 % der Unternehmen mit MSC- Status nicht im eigentlichen MSC lokalisiert sind (vgl. Lepawsky 2010: 163). Somit ist das Wachstum der Unternehmen ein wenig zu relativieren (vgl. Abb. 8). Ist die Aussage Lepawsky richtig, wäre ebenfalls die Bezeichnung des Clusters für das MSC zu überdenken, da sich der Cluster auf eine enge räumliche Region bezieht.

Ein weiterer kritisch anzumerkender Punkt ist, dass sich anscheinend trotz der weitgehend abgeschafften Privilegien der Bumiputera eine lokalen Mentalität im MSC entwickelt hat, die insbesondere für staatliche Aufträge Unternehmen bevorzugt, die von Bumiputera geleitet werden. Die sozialen Netzwerke spielen nach Lepawsky im MSC immer noch eine bedeutende Rolle für die Wirtschaft (vgl. Lepawsky 2010: 163). Somit ist trotz enormer Anstrengungen anscheinend die Bevorzugung der einen Volksgruppe noch immer nicht ausgelöst.

5 Vergleich Penang und MSC: Perspektiven Probleme Aussicht

Vergleicht man die beiden Standortcluster der Technologiebranchen Malaysias in Penang und im Multimedia Super Corridor miteinander, fallen zunächst v.a. die unterschiedlichen Ausgangssituationen der beiden Regionen ins Auge. Penang war und ist seit der Kolonialzeit die traditionelle Wirtschaftsregion in Malaysia, die sich ökonomisch auch mit Hilfe der ausländischen Direktinvestitionen zu einem Standortcluster v.a. für die Elektro- und Elektronikindustrie entwickeln konnte. Heute gilt Penang als Vorbildregion für den technologischen Aufholprozess von Schwellenländern.

Im Gegensatz dazu ist das MSC südlich Kuala Lumpurs zu sehen. Das MSC ist ein von der Regierung geplanter raumplanerischer Versuch, der sowohl unter ökonomischen, als auch sozialen und kulturellen Aspekten zu verstehen ist. Das Ausmaß dieses „Versuches" ist enorm: Ein hauptsächlich agrarisch genutzter Korridor wird mit hohen finanziellen Anstrengungen aufgewertet, es entstehen eine völlig neue Infrastruktur, zwei neue Städte und 79.000 Arbeitsplätze. Diese völlig neue Ansiedlungspolitik seitens der Regierung Malaysias soll ein Meilenstein für die Entwicklung hin zu einem vollständig entwickelten Land bis zum Jahr 2020 sein (vgl. Malaysia Vision 2020). Dass gerade die Technologiebranche und hier insbesondere die Multimediatechnologie angesiedelt worden ist, zeigt, dass Malaysia die Notwendigkeit der technologischen Weiterentwicklung und neue Wachstumsbranchen neben der traditionell in Malaysia vertretenen E&E- Branche erkannt hat.

Die Wirtschaftsstruktur Penangs dagegen ist durch das im Vergleich zum MSC kontinuierliche Wachstum der E&E- Industrie geprägt, wobei sich dadurch wirtschaftlich gewachsene Strukturen entwickelt haben. Die Problematiken, die sich beim Wirtschaftsstandort Penang gezeigt haben – u.a. mangelnde Vernetzung der ausländischen Unternehmen mit der Region, Mangel an qualifizierten Arbeitskräften, relativ geringe F&E Aktivität der ausländischen MNU – scheinen den Planern des MSCs als Leitbild gedient zu haben, sodass der Fokus der Planung schon früh auf der Bedeutung der F&E- Aktivitäten gelegt worden ist. Im Zuge dessen wurde u.a. eine Universität allein für die Multimedia- Branche gegründet. Malaysia will es mit dem MSC schaffen, von der reinen verlängerten Werkbank, wie es die Aktivitäten der MNU in Penang oftmals nahelegen, zu einem innovativen, auch von einheimischen Unternehmen bestimmten Standortcluster insbesondere für die Technologiebranche zu werden. Dieses soll Malaysia auf die nächste Sprosse der Technologieleiter bringen (vgl. Ramsey/ Jomo 1999: 5).

6 Fazit

Die beiden Beispiele illustrieren auf besondere Weise die Chancen aber auch die Risiken des Schwellenlands Malaysia auf dem Weg zu einem vollständig entwickelten Land bis zum Jahr 2020. Dabei hängt der Erfolg dieses ehrgeizigen Zieles sehr stark von den beiden Standortclustern in Penang und im MSC ab. Penang steht dabei vor der Herausforderung, sein traditionelles Standortcluster hin zu einer technologischen Weiterentwicklung zu entwickeln. Das Modell des MSCs kann bei einer gesellschaftlichen Akzeptanz die zukünftige Gesellschaft Malaysias mitgestalten. Dabei ist es für Malaysia von besonderer Bedeutung, aus der in der Vergangenheit praktizierten Politik der Bevorzugung einzelner Bevölkerungsgruppen herauszukommen, um auch in der Zukunft ein attraktiver Standort für die Technologiebranche zu sein. Wenn es Malaysia schafft, eine innovative Gesellschaft auf Basis sehr gut ausgebildeter Arbeitskräfte zu werden, kann die Malaysia Vision 2020 aufgehen. Allerdings ist diese Entwicklung ein langwieriger Prozess und kann nicht vollständig durchgeplant werden. So ist es von fundamentaler Wichtigkeit, dass sich die Gesellschaft selbst hin zu einer innovativen und fortschrittlichen Gesellschaft entwickelt.

Dabei können die im MSC geltenden Bill of Guarantees für ganz Malaysia von Bedeutsamkeit sein. Die hier zu Grunde gelegten Privilegien für Unternehmen mit MSC Status würden auch Unternehmen bspw. in Penang helfen, sich technologisch weiterzuentwickeln. Falsch wäre es zu glauben, dass der Standort des MSC alleine alle Herausforderungen der Zukunft Malaysias lösen kann.

Entscheidend für den Zusammenhalt der Gesellschaft in Malaysia wird sein, ob die regionalen und sozialen Disparitäten Malaysias abgebaut werden können und auch die wirtschaftlich schwächeren Regionen, die z.T. noch sehr stark vom primären Sektor abhängig sind, einen Entwicklung ihrer Wirtschaft voranbringen. Andernfalls könnte es wie bereits in den 1960er Jahren zu Unruhen in Malaysia kommen, die dazu führen würden, dass sich die MNU's aus Malaysia zurückziehen.

Literaturverzeichnis

Andriesse, E./v. Helvoirt, B. (2008): Institutional frameworks and economic activity: A comparative analysis of regional economies in Thailand, Malaysia and the Philippines. In: Asia Pacific Viewpoint 49 (2), 254- 269.

Bathelt, H./ Glückler, J. (2003²): Wirtschaftsgeographie. Stuttgart: Verlag Eugen Ulmer.

Berger, M. (2007): Technologische Absorptionsfähigkeit einheimischer und ausländischer Unternehmen in Südostasien – Beispiele aus Singapur, Penang und Bangkok. In: Zeitschrift für Wirtschaftsgeographie 51 (1), 46- 62.

Blechschmidt, K./ Eck, T./ Götz, K. (2010): Südostasien. Diercke Spezial. Braunschweig: Westermann.

Department of Statistics, Malaysia (2011a): Report on the Annual Survey of Manufacturing Industries, 2010. <http://www.statistics.gov.my/portal/images/stories/files/LatestReleases/findings/Penemuan_Pembuatan_2010_BI.pdf> abgerufen am 21.11.2011.

Department of Statistics, Malaysia (2011b): Gross Domestic Product (GDP) by State, 2010. <http://www.statistics.gov.my/portal/index.php?option=com_content&view=article&id=1300%3Agross-domestic-product-gdp-by-state-2010-updated-74102011&catid=98%3Agross-domestic-product-by-state&lang=en> abgerufen am 10.11.2011.

Dörnte, C./ Faust, H./ Feldhoff, T./ Köhler, P./ Stonjek, D./ Waibel, M.A. (2007): Der Asiatisch- pazifische Raum. Diercke Spezial. Braunschweig: Westermann.

Drabble, J.H. (2010): Economic History of Malaysia. <http://eh.net/encyclopedia/article/drabble.malaysia> abgerufen am 20.11.2011.

Fold, N. / Wangel, A. (1997): Labor Shortages and Industrial Growth in Penang, Malaysia. In: Geografisk Tidsskrift 97, 11-118.

Fromhold- Eisebith (1999): Asiatische ‚Newly Industrializing Countries', Technologieregionen und Beziehungssysteme: Zur internationalen Differenzierung von Konzepten intern vernetzter Regionalentwicklungen. Münster: LIT Verlag.

Handelsblatt (2011): Bosch erweitert Solarsparte. <http://www.handelsblatt.com/unternehmen/industrie/bosch-erweitert-solarsparte/4313682.html> abgerufen am 24.11.2011.

Harris, R. W. (1998): Malaysia's Multimedia Super Corridor -An IFIP WG 9.4 Position Paper. < http://is2.lse.ac.uk/ifipwg94/pdfs/malaymsc.pdf > abgerufen am 3.11.2011.

Häußler, M. (1999): Entwicklungsdynamik und Raummuster unternehmensorientierter Dienstleistungen in West- Malaysia. In: Berliner Geographische Arbeiten Heft 88.

INSEAD (2011): The Global Innovation Index 2011- Accelerating Growth and Development. <http://www.globalinnovationindex.org/gii/GII%20COMPLETE_PRINTWEB.pdf> abgerufen am 21.11.2011.

Jomo, K.S./ Felker, G./ Rasiah, R. (Hrsg.) (1999): Industrial technology development in Malaysia. London/New York: Routledge.

Kharas H./ Zeufack, A./ Majeed, H. (2010): Cities, people & the economy - A study on positioning Penang. < http://www-wds.worldbank.org/external/default/WDSContentServer/WDSP/IB/2010/11/11/000333037_20101111233222/Rendered/PDF/578580PUB01PUB1ang1Final0BOX353782B.pdf> abgerufen am 19.11.2011.

Krause, T. (2006): Schwellenland Malaysia- Auf dem Weg zum Industrieland? In: Praxis Geographie 36 (5), 26-30.

Kulke, E. (2003): Malaysia: Der kleine Tiger auf dem Sprung ins 21. Jahrhundert. In: Mitteilungen der Geographischen Gesellschaft des Ruhrgebiets 26/2003, 7-22.

Kulke, E. (2008^3): Wirtschaftsgeographie. Paderborn: Verlag Ferdinand Schöningh.

Lepawsky, J. (2005): Digital Aspirations: Malaysia and the Multimedia Super Corridor. In: Focus on Geography 48 (3), 10-18.

Lepawsky, J. (2010): Clustering as Anti-politics Machine? Situating the Politics of Regional Economic Development and Malaysia's Multimedia Super Corridor. In: Wai-Chung Yeung, H. (2010): Globalizing Regional Development in East Asia – Production Networks, Cluster, and Entrepreneurship. London: Routledge, 153-.168.

Ministry of Science, Technology and Innovation (MOSTI) (2009): R&D survey 2008. <http://www.mastic.gov.my/portals/mastic/publications/R_DSurvey/2008/R&DSurvey2008.pdf> abgerufen am 09.11.2011.

Mohan, A.V./ Omar, A. A./ Aziz, K. (2002): Malaysia's Multimedia Super Corridor Cluster: Communication Linkages among Stakeholders in a National System of Innovation. In: IEEE Transactions on Professional Communication 45 (4), 265- 275.

Multimedia Development Corporation (MDC) (2008): MSC Malaysia Status Companies Performance Indicators: MSC Malaysia Impact Survey 2008. <http://www.mscmalaysia.my/codenavia/portals/msc/images/pdf/reports_surveys/impact_survey_2008.pdf> abgerufen am 10.11.2011.

Multimedia Development Corporation (MDC) (2010): MSC Malaysia - Annual Industry Report 2009. <http://www.mscmalaysia.my/codenavia/portals/msc/images/pdf/MSC_Malaysia_Industry_RRepor_2009.pdf> abgerufen am 11.11.2011.

Multimedia Development Corporation (MDC) (2011a): What is MSC? Mission and Vision. <http://www.mscmalaysia.my/topic/12073050330739> abgerufen am 25.11.2011.

Multimedia Development Corporation (MDC) (2011b): Bill of Guarantees. <http://www.mscmalaysia.my/topic/Why+MSC+Malaysia+Status> abgerufen am 25.11.2011.

Ramasamy, B./ Chakrabarty, A./ Cheah, M. (2004): Malaysia's leap into the future: an evaluation of the multimedia super corridor. In: Technovation 24, 871–883.

Rasiah, R./ Jomo, K.S. (1999): Introduction. In: Jomo, K.S./ Felker, G./ Rasiah, R. (Hrsg.): Industrial technology development in Malaysia. London/New York: Routledge, 1-20.

Revilla Diez, J.R. (2007): Malaysia zwischen Ausgleich und Konzentration- Regionale Auswirkungen einer wissensbasierten Wirtschaftsentwicklung. In: Geographische Rundschau 59 (9), 20-29.

Revilla Diez, J.R. / Kiese, M. (2006): Scaling Innovation in South East Asia: Empirical Evidence from Singapore, Penang (Malaysia) and Bangkok. In: Regional Studies, 40 (9), 1005-1023.

Sirat, M./ Tan C./ Subramaniam, T. (Hrsg.) (2010): The State of Penang, Malaysia- Self Evaluation Report. In: OECD (Hrsg.): OECD Reviews of Higher Education in Regional and City Development. < http://www.oecd.org/dataoecd/19/44/45496343.pdf > abgerufen am 23.11.2011.

Stracke, S. (2006): Innovationsverflechtungen zwischen lokaler Einbettung und globalen Wirtschaftsketten – Das Beispiel des regionalen Innovationssystems Penang, Malaysia. In: Zeitschrift für Wirtschaftsgeographie 50 (1), 44-57.

Stracke, S. (2003): Technologische Leistungsfähigkeit im Innovationssystem Penang, Malaysia.

Trezzini, B. (2001): Staat, Gesellschaft und Globalisierung: Entwicklungstheoretische Betrachtung am Beispiel Malaysias. Hamburg: Institut für Asien- Studien (Mitteilungen des Instituts für Asienkunde 330).

Vorlaufer, K. (2009): Südostasien. Darmstadt: Wissenschaftliche Buchgesellschaft.

Vogelpohl, A. (2000): Sag ja zu Cyberjaya! Malaysias Wandel zum technologischen Musterstaat. < http://www.zeit.de/2000/25/200025.m_malaysia_.xml > abgerufen am 24.11.2011.

Wirtz, M. (1999): Subregionale Wachstumszonen in Asien. In: Gocht, W./Kasperk, G. (Hrsg.): Aachener Studien zur internationalen technisch- wirtschaftlichen Zusammenarbeit. Baden- Baden: Normos Verlagsgesellschaft.

Anhang 1 F&E Ausgaben nach Untergruppen im verarbeitenden Gewerbe 2009

Sub-sector code	Sub-sector	Expenditure on research & development (R&D)		Total establishments	Establishment involved in R&D		R&D per Output (%)
		RM million	%		Numbers	%	
26	Manufacture of computer, electronic and optical products	1,243.8	67.3	648	134	7.1	0.8
28	Manufacture of machinery and equipment n.e.c.	120.0	6.5	1,213	102	5.4	0.7
27	Manufacture of electrical equipment	76.1	4.1	580	95	5.1	0.4
10	Manufacture of food products	66.9	3.6	4,352	319	17.0	0.1
22	Manufacture of rubber and plastic products	58.8	3.2	1,990	228	12.1	0.1
20	Manufacture of chemicals and chemical products	48.6	2.6	998	173	9.2	0.1
30	Manufacture of other transport equipment	47.6	2.6	215	26	1.4	0.3
29	Manufacture of motor vehicles, trailers and semi-trailers	47.3	2.6	384	62	3.3	0.2
25	Manufacture of fabricated metal products, except machinery and equipment	18.9	1.0	3,157	98	5.2	0.1
14	Manufacture of wearing apparel	16.0	0.9	5,641	34	1.8	0.4
	Others	103.3	5.6	11,429	608	32.4	1.9
	Total	1,847.3	100.0	30,607	1,879	100.0	5.1

Department of Statistics 2011a, S. 23

Anhang 2: BIP nach Bundesstaaten 2010

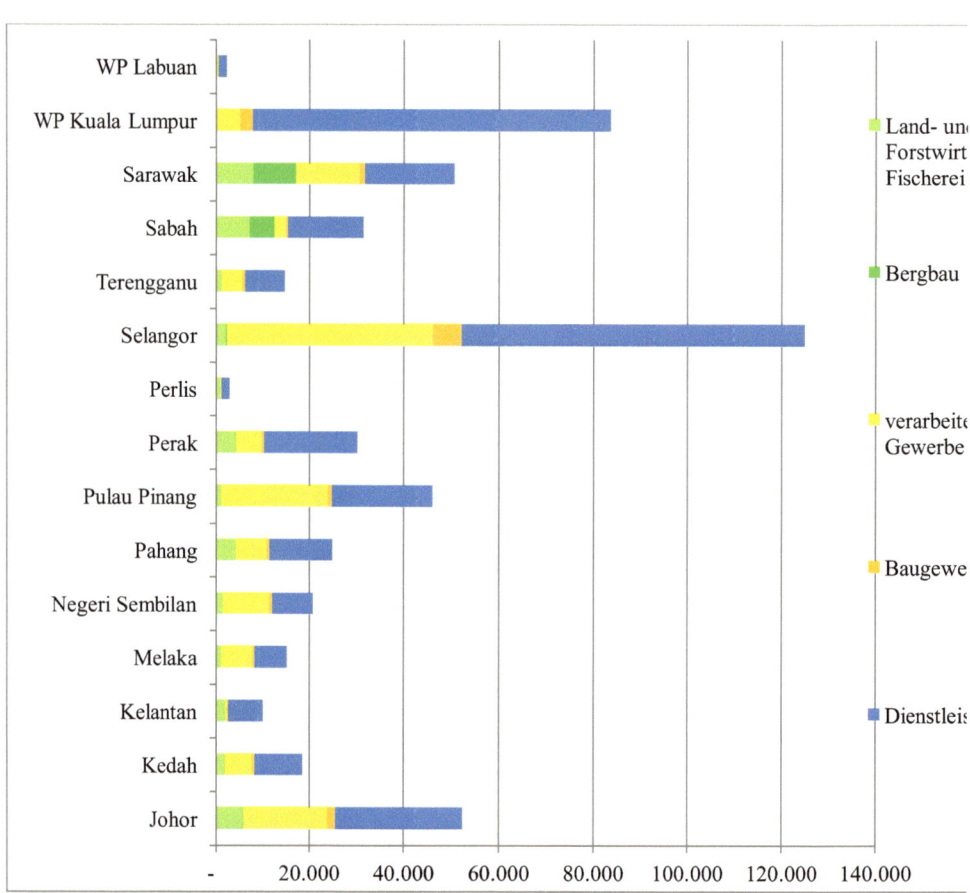

Eigene Darstellung; Daten: Department of Statistics, Malaysia 2011